KLEINE ENTDECKER

Bleibt die Zeit auch manchmal stehen?

ÜBER UNSEREN ZEITBEGRIFF

Text: Seong-Eun Kang
Bilder: Seung-Man Oh
Nachwort: Yeong-Jik Gwak
Übersetzung: Hans-Jürgen Zaborowski

Fischer Schatzinsel

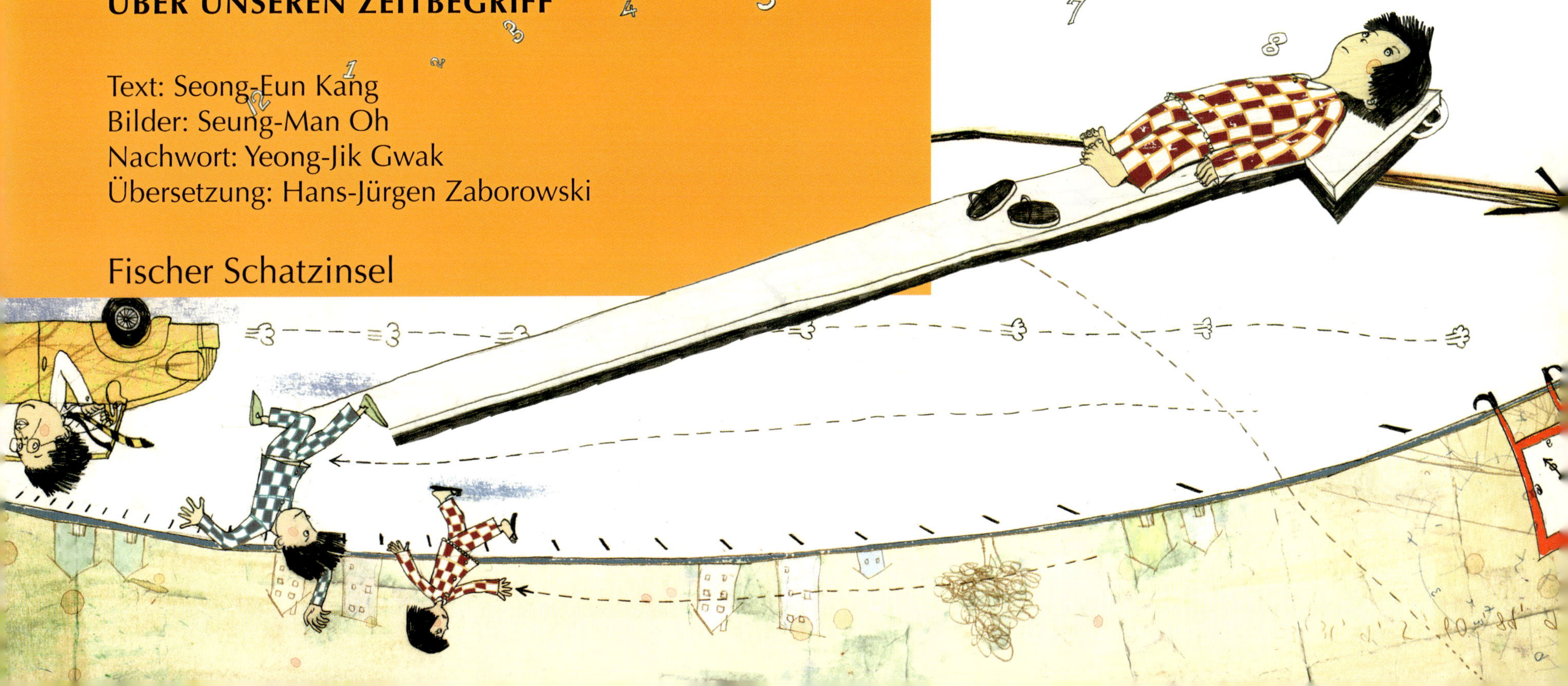

Komm, wir gehen vergnügt vorwärts. Einen Schritt, zwei Schritte: Wir gehen vorwärts.

Jedes Mal, wenn ich vorwärtsgehe, geht
auf Schritt und Tritt etwas mit mir mit.

Das ist die ZEIT!

Tick tack, tick tack, Zeit. Auch wenn ich die Zeiger der Uhr nicht hören kann, geht die Zeit weiter ohne anzuhalten.

Ich komme so weit.

Mein Bruder ist ein Rennläufer.
Er kommt so weit.

Und das Raumschiff
im Fernsehen kommt
in der gleichen Zeit so weit …

Unser Auto kommt so weit.

Die Zeit hält mit uns Schritt, tick tack,
eine Sekunde ist vorüber.

Immer wenn ich mich bewege, bewegt
die Zeit sich auch mit mir.
Komm, wir gehen vergnügt vorwärts!

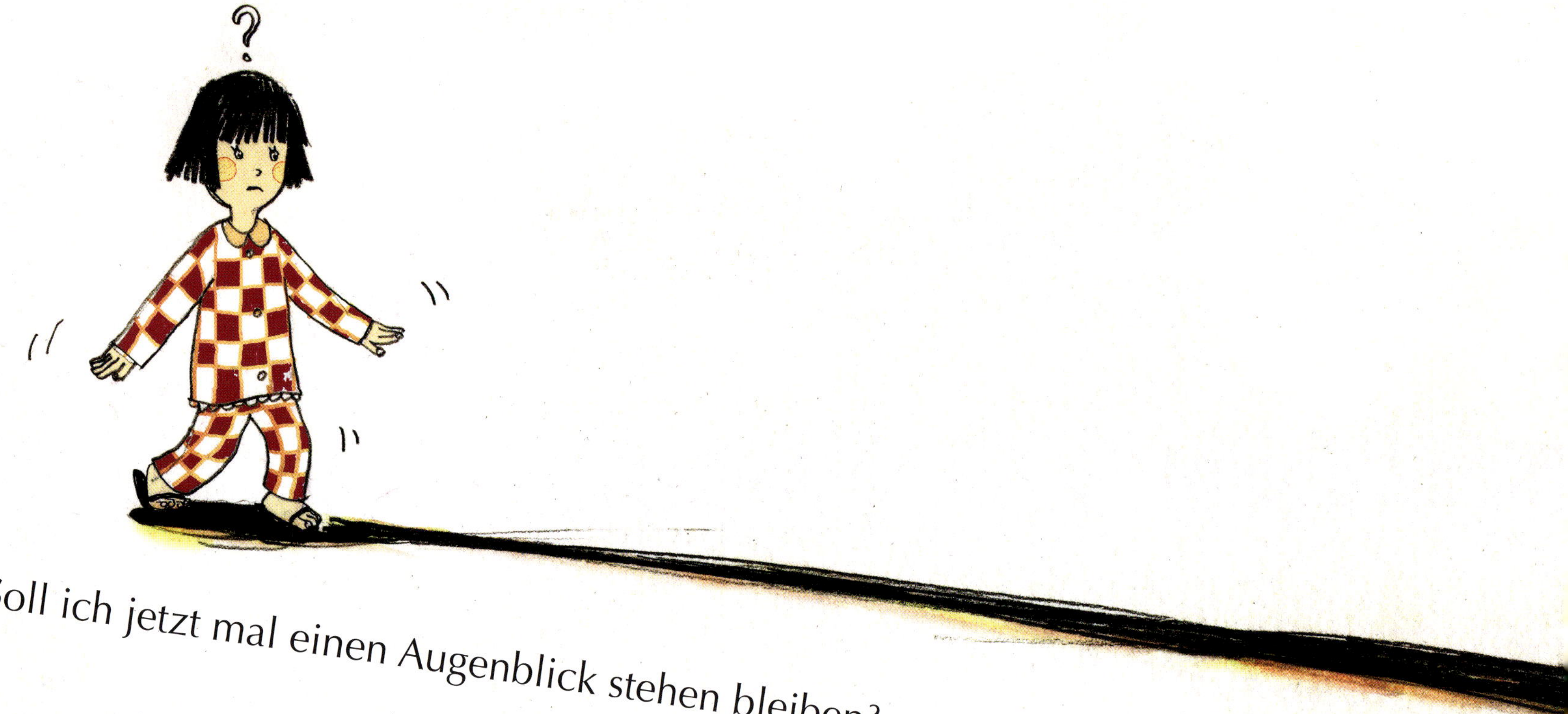

Soll ich jetzt mal einen Augenblick stehen bleiben?

Wenn ich mich nicht weiterbewege –
bleibt dann auch die Zeit mit mir zusammen stehen?

Tick tack!
Die Zeit ist vergangen!
Auch als ich stehen geblieben bin, hat sich die Zeit allein weiterbewegt. Eine Sekunde ist vorüber.

Solange ich stehen geblieben bin, ist die Zeit nicht stehen geblieben, ist einfach weitergegangen, ohne anzuhalten. Das ist so, weil sich vieles andere weiterbewegt, auch wenn ich selbst stehen bleibe.

Zum Beispiel das riesige Weltall, in dem wir leben!
Jetzt, in diesem Augenblick, passiert so viel im All.
Die Zeit geht weiter, in jedem Augenblick.
Nicht einen Moment ruht sie sich aus, vorwärts,
vorwärts tick tack!

Also los, gerade aufgerichtet, machen wir nochmal einen Schritt. Aber diesmal geht es rückwärts.

Der erste Schritt, der zweite Schritt …

Gerade bin ich den Weg gekommen – nun gehe ich ihn zurück. Geht dann auch die Zeit mit mir zurück?

Tick tack!
Ich bin zurückgegangen, doch die Zeit
ist weiter vorwärtsgegangen!
Eine Sekunde ist vorüber.

Ach – vielleicht ist das so, weil ich allein zurückgegangen bin?

1 Meter

Als ich zurückgegangen bin

10 Meter

ist auch mein Bruder zurückgegangen,

100 Meter

ist auch unser Auto zurückgefahren.

Und was ist mit dem Raumschiff aus dem Fernsehen?

1000 Meter

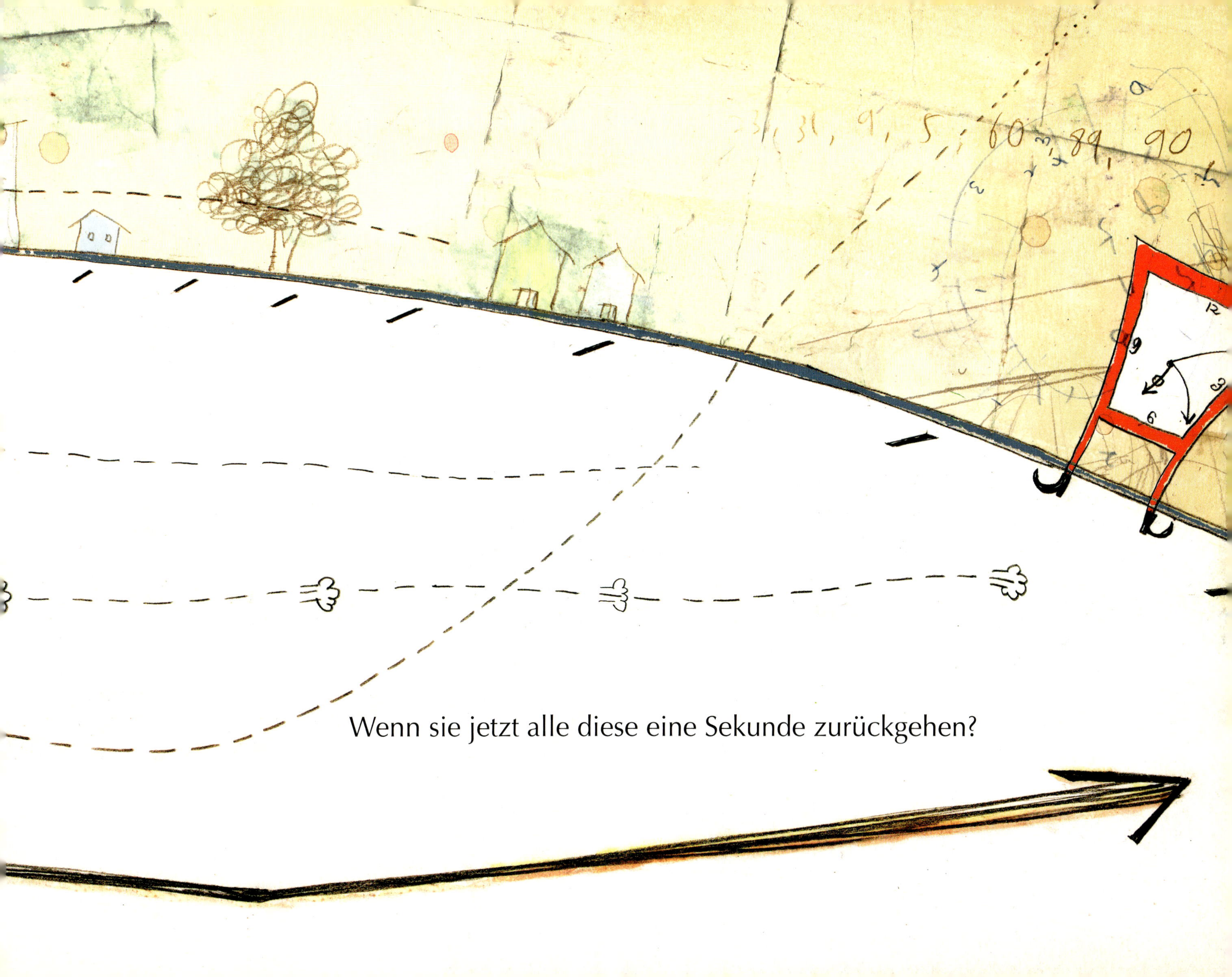

Wenn sie jetzt alle diese eine Sekunde zurückgehen?

Ja, auch dann ist die Zeit weiter vorwärtsgegangen,
tick, tack! Eine Sekunde ist vorbei.

Wenn alle Dinge sich vorwärtsbewegen, geht auch die Zeit vorwärts tick tack!
Wenn alle Dinge sich rückwärtsbewegen, geht nur die Zeit weiter vorwärts tick tack!

Die Zeit bewegt sich immer vorwärts.

Nehmen wir mal an, dass nichts mehr in der Welt geschieht – was wäre dann?
Geht die Zeit dann weiter?
Wenn es in der ganzen Welt kein einziges Ding mehr gäbe, dann gäbe es auch die Zeit nicht mehr.
Doch weil in der Welt immer irgendetwas geschieht, geht auch die Zeit immer weiter.

Damit etwas geschehen kann, brauchen wir Energie.
Die Energie bekommen wir zum Beispiel aus dem Reis.
Der Reis bekommt die Energie von der Sonne.

Aber woher kommt die Energie der Sonne?

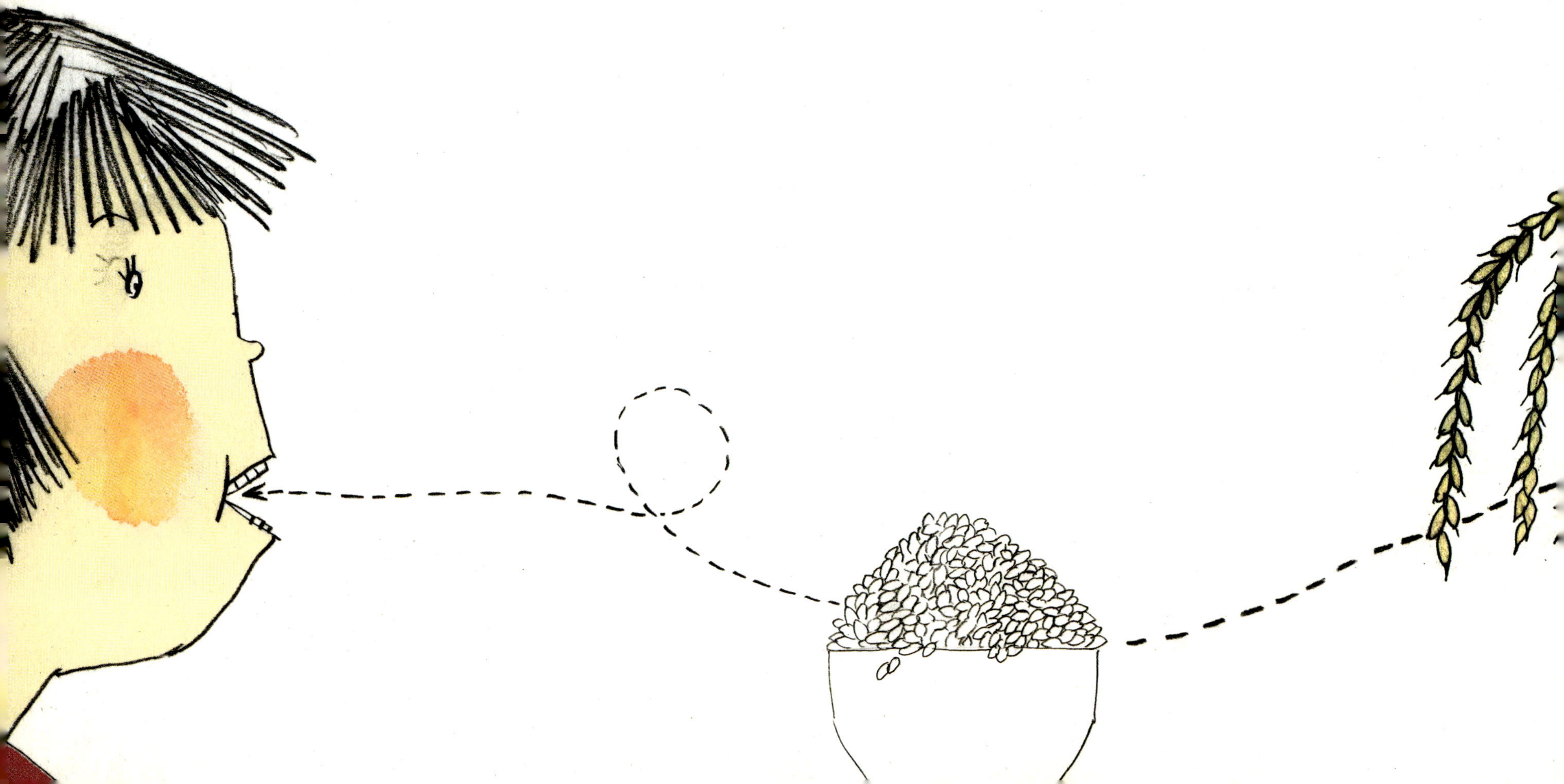

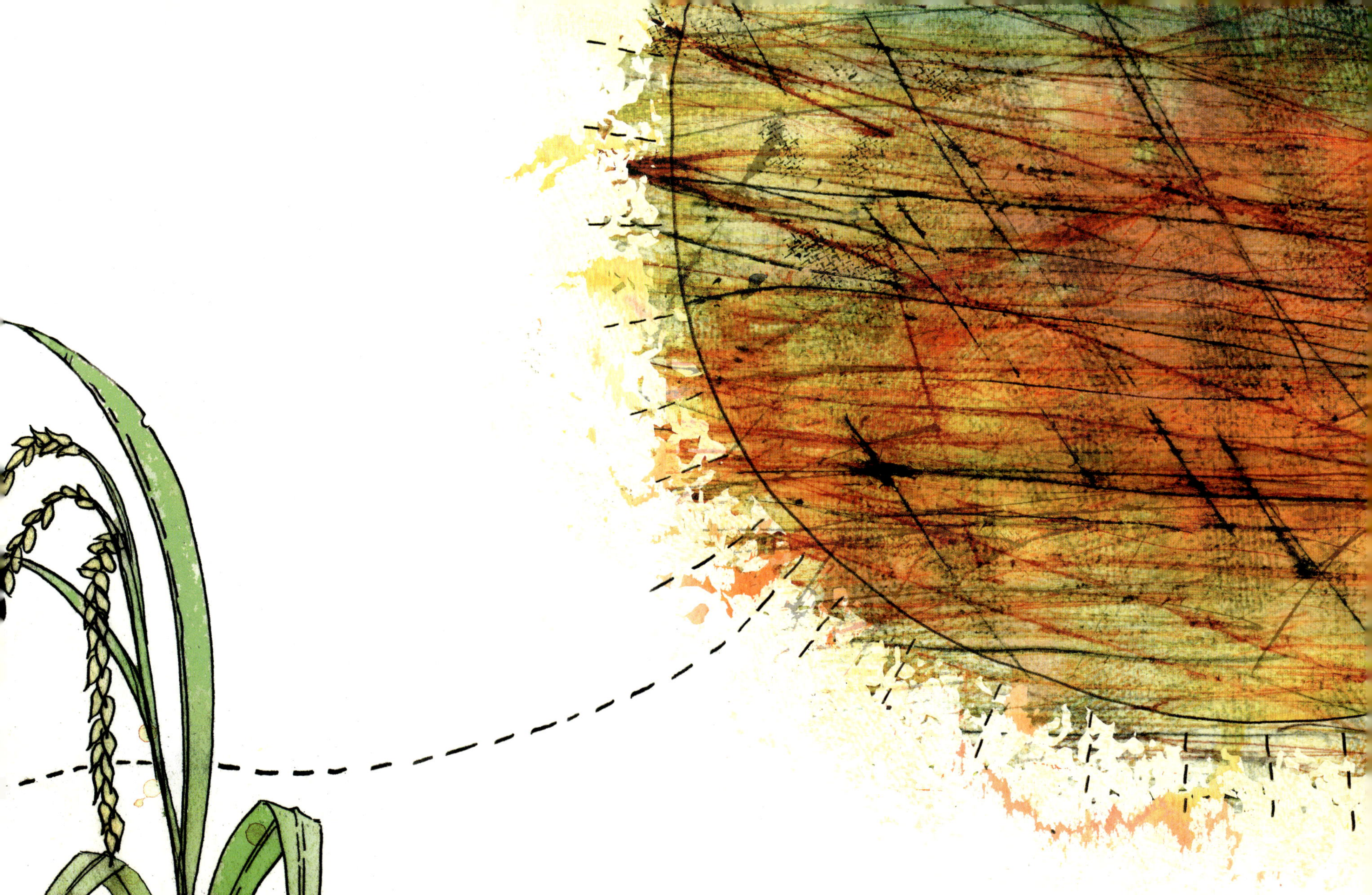

Was uns bewegt, das ist – ja, genau – die Sonne.
Und was die Sonne bewegt, das ist …

Das Weltall!
In dem unermesslich großen Weltall gibt es viele viele Sterne,
die wie die Sonne Energie erzeugen.
Alle diese Sterne sind innerhalb des Weltalls entstanden.

Auch heute noch entstehen im Weltall neue Sterne, wachsen und vergehen.
Doch vor endlos langer Zeit war das Weltall ein einziger Feuerknoten.
Die gesamte Energie des Weltalls war in einem Punkt gesammelt.

In einem Augenblick begann das Weltall sich auszudehnen.
Als dann die Energie des Weltalls auf vielfache Weise gebraucht wurde, begannen im Weltall alle möglichen Dinge zu entstehen.
Und von diesem Punkt an, tick tack, begann auch die Zeit sich zu bewegen.

Das Weltall dehnt sich auch jetzt immer noch aus.
Und die Zeit bewegt sich immerfort.
Könnte das bedeuten …

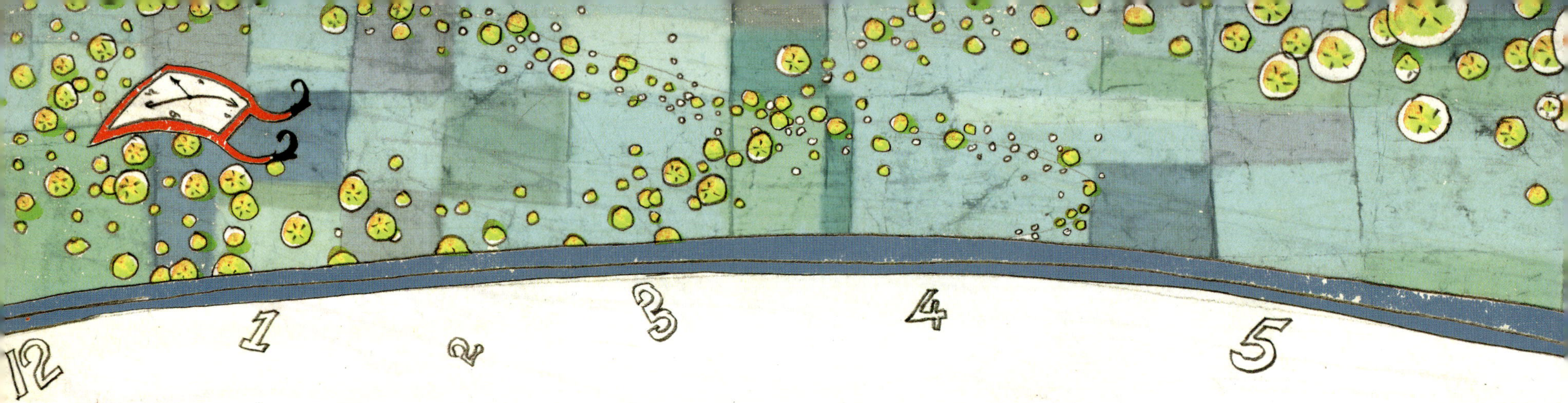

… dass die Energie des Weltalls irgendwann völlig aufgebraucht sein wird? Wenn die Energie aufgebraucht wäre, würde dann nichts mehr geschehen? Würde dann auch die Zeit aufhören?

Aber man meint, die Energie des Weltalls wird sich niemals erschöpfen und dass im Weltall immer wieder neue Dinge entstehen.

Und dass die Zeit sich immer weiterbewegt.

Was anderes! Es gibt einen Weg, die Zeit zum Anhalten zu bringen.
Wenn es gelingt zu verhindern, dass im Weltall noch irgendetwas entsteht.

Wenn das Weltall sich weiter ausdehnt, dann breitet sich die Energie gleichmäßig im ganzen Weltall aus.
Wenn die Energie, die sich im Weltall ausbreitet, gar nichts mehr bewirkt, käme es dazu, dass im Weltall nichts mehr entsteht.

Ein stummes Weltall, das seine Existenz beendet – würde dort auch die Zeit zum Stillstand kommen?

Selbst wenn das so wäre – es wäre ein Ereignis in unendlich ferner Zukunft. Wir müssen uns deshalb nicht schon jetzt Sorgen machen. Vielleicht kommt uns zuvor der richtige Einfall, wie man Energie und auch die Zeit umwenden kann?

Komm, wir gehen einfach vergnügt vorwärts.
Den ersten Schritt, den zweiten Schritt …

Jedes Mal, wenn du vorwärtsgehst, gehen Energie und auch die Zeit Schritt für Schritt mit dir mit.

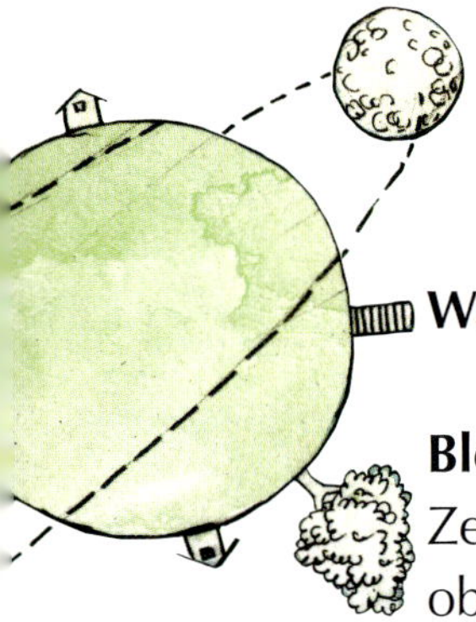

Was der Physik-Professor dazu sagt

Bleibt die Zeit auch manchmal stehen?
Zeit vergeht immer. Ob wir etwas unternehmen oder ob wir schlafen, die Zeit ruht sich nicht aus und geht weiter. Wann hat die Zeit begonnen? Und bis wann wird die Zeit weitergehen? Hat die Zeit schon begonnen, bevor das Weltall entstanden ist?

Früher mal haben die Menschen gedacht, dass die Zeit immer fließt, ohne das alles, was wir tun oder was im Weltall geschieht, darauf irgendwelchen Einfluss hat. Sie dachten, dass alles in der immerfort fließenden Zeit geschieht.

Doch mit dem Fortschritt der Naturwissenschaften begann sich die Wahrnehmung der Zeit zu ändern. Man dachte nun, dass die Zeit verging wie bestimmte Ereignisse sich zutragen. Deshalb mussten bestimmte Ereignisse geschehen, damit die Zeit vergehen konnte. Und wenn nichts geschah – dann hätte die Tatsache, dass die Zeit vergeht, keinerlei Bedeutung.

Es wurde gesagt, dass das Weltall damit entstand, dass die in einem Punkt gesammelte Energie sich plötzlich auszudehnen begann. Bevor das Weltall anfing sich auszudehnen, geschah überhaupt nichts. Deshalb war auch so etwas wie Zeit nicht nötig. Als dann aber das Weltall begann sich auszudehnen, fingen plötzlich vielerlei Dinge an, sich im Weltall zu ereignen. Sterne wurden geschaffen, Sterne fanden sich zusammen zu Galaxien, und es bildeten sich Planeten wie die Erde.

So wie diese Veränderungen eintraten, begann auch die Zeit zu fließen. Noch immer geschehen bei uns auf der Erde, aber auch sonst überall im Weltraum viele Dinge. Die Zeit vergeht im Einklang mit allen diesen Dingen. Kann es dann auch ein Ende des Weltalls geben? Denn wenn das Weltall ein Ende hätte, dann würde auch die Zeit aufhören. Unter den

Wissenschaftlern gibt es viele verschiedene Auffassungen vom Weltall und von der Zeit. Eine davon besagt, dass die Zeit andauert, solange es im Weltall eine bestimmte Menge Energie gibt.

Selbstverständlich denken andere auch, dass die Zeit zu einem Ende kommen kann. Weil das Weltall sich nämlich ständig ausdehnt, wird eine Zeit kommen, zu der die gesamte Energie sich gleichmäßig im Weltall verteilt hat. Die Energie, die so verteilt ist, kann nichts mehr bewirken. Deshalb vermutet man, dass das Weltall ein stiller Ort werden wird, in dem nichts mehr geschieht und in dem auch die Zeit zum Stillstand kommt.

Es gibt auch Wissenschaftler, die behaupten, dass die gesamte Energie des Weltalls sich wieder in einem Punkt sammeln wird, bevor sie sich erneut auszudehnen beginnt. Wenn wirklich die Energie des Weltalls sich auf einen Punkt konzentriert, wird danach nichts mehr geschehen. Selbst die Zeit wird stillstehen.

Und es gibt auch die Auffassung, dass nicht für jeden die Zeit auf die gleiche Weise vergeht. Dass heißt, die Zeit vergeht unterschiedlich, abhängig von dem Menschen, der sie wahrnimmt. Sollte das so sein, sollte schon für uns, die wir auf der Erde leben, die Wahrnehmung der Zeit unterschiedlich sein, dann müsste sie erst recht von Wesen, die irgendwo in den Weiten des Weltalls leben, völlig anders wahrgenommen werden. Und diese Wesen könnten ihr Alter ganz anders berechnen, als wir das tun.

Die Beschreibung, was Zeit eigentlich ist, ist eine der schwierigsten Aufgaben überhaupt. Während der ganzen Geschichte der Menschheit haben viele Denker und Wissenschaftler sich damit auseinandergesetzt, was denn die Zeit ist. Man könnte den Eindruck haben, dass sie noch immer keine genaue Antwort gefunden haben.
Tatsächlich – was ist denn nun Zeit?

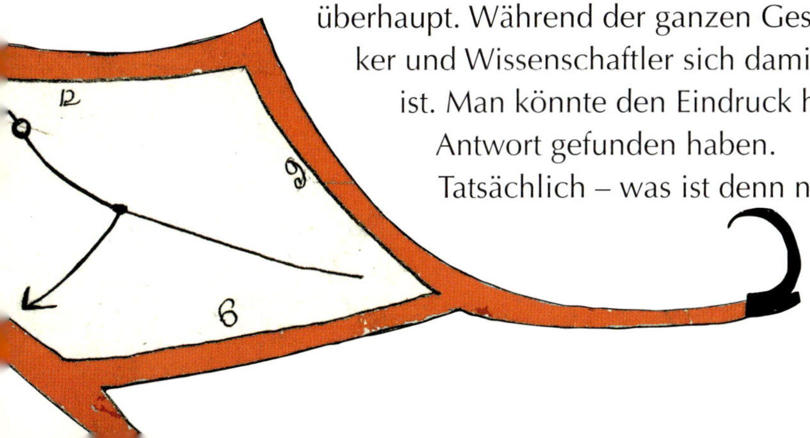

Seong-Eun Kang studierte Drehbuchschreiben. Sie verfasst heute Kinderbücher und arbeitet als Herausgeberin.

Seung-Man Oh studierte Animation an der KyungMin Universität. Derzeit arbeitet er im Bereich Buchillustration, Karikatur und Comic.

Yeong-Jik Gwak studierte Allgemeine Naturwissenschaften mit dem Schwerpunkt Physik an der National-Universität in Seoul. Er promovierte an der Universität von Kentucky, USA. Heute lehrt er Naturwissenschaften, insbesondere Physik, an der Suwon-Universität.

Hans-Jürgen Zaborowski hat Ostasiatische Sprachen studiert und an den Universitäten Berlin, Bonn, Frankfurt am Main und acht Jahre in Seoul gelehrt. Er lebt im Nassauer Land.

Fischer Schatzinsel
www.fischerschatzinsel.de

Die koreanische Originalausgabe ist 2006 im Verlag Yeowon Media, Seoul, erschienen.
Originaltitel: Tick Tock Tick Tock
First published in Korea 2006 by Yeowon Media.

Das wissenschaftliche Nachwort wurde verfasst von Yeong-Jik Gwak

Für die deutschsprachige Übersetzung

Umschlagzeichnung: Seung-Man Oh
Umschlaggestaltung: Bilek Krämer Jäger
Druck und Bindung: Longo AG, Bozen
Printed in Italy
ISBN 978-3-596-85281-9

Nach den Regeln der neuen Rechtschreibung

12
3
6